一碗清粥家常菜

一碗清粥 ———————— 著

青岛出版社
QINGDAO PUBLISHING HOUSE

图书在版编目（CIP）数据

　　一碗清粥家常菜 / 一碗清粥著 . -- 青岛：青岛出
版社 , 2020.11
　　ISBN 978-7-5552-8224-2

　　Ⅰ . ①一… 　Ⅱ . ①一… 　Ⅲ . ①家常菜肴 – 菜谱
Ⅳ . ① TS972.127

　　中国版本图书馆 CIP 数据核字 (2019) 第 071912 号

书　　　　名	一碗清粥家常菜
著　　　　者	一碗清粥
出 版 发 行	青岛出版社
社　　　　址	青岛市海尔路182号（266061）
本 社 网 址	http://www.qdpub.com
邮 购 电 话	0532-68068091
策 划 编 辑	贺　林
责 任 编 辑	贾华杰　　石坚荣
封 面 设 计	毕晓郁
制　　　　版	青岛帝骄文化传播有限公司
印　　　　刷	青岛帝骄文化传播有限公司
出 版 日 期	2020年11月第1版　　2020年11月第1次印刷
开　　　　本	16开（710毫米×1010毫米）
印　　　　张	10.5
字　　　　数	130千
图　　　　数	568
书　　　　号	ISBN 978-7-5552-8224-2
定　　　　价	49.80元

编校质量、盗版监督服务电话　　4006532017　　0532-68068638
建议陈列类别：美食类　　生活类

家的味道

在我的记忆深处，家人做的菜的味道久久萦绕。

夏天的傍晚，阳光还是那么炙热，知了声此起彼伏。那时候，我最喜欢坐在院子的阴凉处，吃奶奶做的木莲豆腐。为了让木莲豆腐吃起来更爽口，奶奶还会将它在天然冰箱——井中冰镇过。冰镇过的木莲豆腐入口凉爽无比，吃了能消除一日的疲倦。我还总期盼着第二天能吃到奶奶做的红枣白木耳、芝麻馅儿的裹丸团子……这都是我一辈子都不会忘记的美味。

镜子般润滑的表面上滚动着几颗"珍珠"，香气扑鼻，这是爷爷做的水蒸蛋。煮饭之前，爷爷会耐心地将鸡蛋打散，加入凉开水、酱油，继续搅打，等到起了很多浮沫后，刮去浮沫，将鸡蛋液放在一旁备用。等饭煮到一半的时候，爷爷会打开锅盖，放入竹制的蒸格，再将盛放鸡蛋液的碗放在蒸格上，碗上还要放一根筷子。爷爷说，这样蒸出来的蛋嫩嫩的、黄黄的，表面就像镜子一样光滑，没有气泡。蛋蒸好以后，爷爷还会滴几滴香油，增加香气。香油在水蒸蛋表面滚来滚去，特别好看。

我童年的大部分时光都是在外婆家度过的。我外婆家在农村，家里人平时吃的都是自家门前种的蔬菜，当季蔬菜特别新鲜，我还每天吃一个鸡蛋，这都让小时候的我很少生病。我印象最深的就是外婆做的煎荷包蛋了，它金黄的外表下有流动着的蛋黄，轻轻用筷子一戳，蛋黄就会慢慢流出来，吃到嘴里满口鲜香。直到今天，我都没有吃过比这更好吃的煎荷包蛋。

我妈妈最拿手的菜是红烧肉和扣肉。每年过年，妈妈都会炸上几块扣肉，扣肉下面藏了鱼干、板栗、霉干菜，都是极好吃的。爸爸每次跑船回来，妈妈都会做上几道肉菜，尤其是红烧肉，总不落下。爸爸跟我说："回家来最想吃的就是你妈妈做的红烧肉，真的好吃！"爸爸心中家的味道就是妈妈做的红烧肉。

出嫁以后，我发现我婆婆更是烹饪高手，各种菜都做得特别入味、好吃。我婆婆做煎鱼的水平尤其高，我更是望尘莫及，所以我家宝宝爸爸的口味很难被一般人驾驭了。

我平时忙于工作、生活中的琐事，无暇做饭。但是不管多忙、多累，每到双休日，我都会自己做上一桌子的菜，享受我们一家四口围坐在一起吃饭的幸福时光。我希望，等多年过去，有人问我的孩子家的味道是什么的时候，他们会说出我做的菜。我想，那就是我留给孩子的关于味道的记忆。

目录

/Contents/

扫描二维码
看视频学做美食

（视频中食材用量和操作步骤与本书文
字略有差异，仅供参考。）

第一章 无畜不欢

鱼米之香 第二章

无畜不欢

一桌子的菜，最讲究的是荤素搭配。荤菜，尤其是用畜禽肉做的菜，往往是餐桌上的主角，没有几道这样的拿手菜，怎么能说自己是下厨的好手呢？

🍳 制作过程

1　猪肉洗净，剁成馅。将一部分虾剥出虾肉、去虾线，剁成馅；另一部分虾去壳、须、足、虾线，留尾，备用。

2　粉丝用冷水泡 1 小时（可提前泡发）。

3　丝瓜洗净，去皮，切成段，去瓤。红椒切丁。

4　将猪肉馅、虾肉馅混匀，加盐、白胡椒粉、干淀粉、7 ml 生抽、香油，搅打至上劲。

5　将馅料攥成球，填入丝瓜盅内。

6　蒸锅上灶，大火烧开水。取一大盘，盘底铺上粉丝，码上丝瓜盅，上屉蒸 8 分钟即可出锅。将预留的虾煮熟，摆在蒸好的丝瓜盅上。将蒸出的汤汁倒入炒锅中，加入水淀粉勾芡，再加入 3 ml 生抽，混匀后倒在丝瓜酿上。最后加红椒丁进行装饰。

🍶 用料

丝瓜	1 根
猪肉	50 g
虾	200 g
粉丝	20 g
红椒	10 g
盐	5 g
白胡椒粉	10 g
干淀粉	10 g
生抽	10 ml
香油	5 ml
水淀粉	20 ml

蚂蚁上树

温馨提示

· 泡粉丝前可把粉丝剪断，这样会泡发得更快。

· 炒这道菜的时候可以选用猪油，这样炒出来的菜颜色更好、味道更香。

🍳 制作过程

1 将粉丝用冷水泡 3 小时，备用。

2 将五花肉剁成小丁，香葱切葱花，姜、蒜切成末，备用。

3 锅中入猪油烧热，放入姜末、蒜末爆香，下五花肉丁煸炒出香味。

4 锅中下入郫县豆瓣酱，炒出红油，加入料酒、生抽、老抽，继续翻炒。

5 将粉丝冲洗一下，剪成小段，下入锅中，用中火煸炒（用筷子挑散）。

6 加入高汤，中火煮开，转小火煮至汤汁快干，加入鸡精，出锅前撒上葱花即可。

🍼 用料

龙口粉丝	200 g
五花肉	50 g
郫县豆瓣酱	8 g
姜	3 g
蒜	2 瓣
生抽、料酒	各 15 ml
老抽	10 ml
鸡精	3 g
香葱	2 g
高汤	100 ml
猪油	15 g

剁椒炒鸡胗

温馨提示

· 鸡胗脆爽，剁椒辣酱咸辣，让人大快朵颐的快手下饭菜，非这道菜莫属了！

🍳 制作过程

1 鸡胗洗净切片，加入盐、生抽、白糖和料酒拌匀，静置20分钟。蒜切成碎末。香葱切成葱花。

2 锅中加色拉油烧热，下蒜末炒香。

3 锅内下鸡胗片炒变色，加入剁椒辣酱，快速翻炒出锅，撒葱花即可。

🧴 用料

鸡胗	300 g
剁椒辣酱	30 g
生抽	15 ml
色拉油、料酒	各 10 ml
盐	1 g
蒜	2 瓣
白糖	3 g
香葱	2 g

外婆家红烧肉

温馨提示

· 在红烧肉中加入虎皮鹌鹑蛋，味道会更好。当然也可以不放。

· 选择五花肉时，一定要选三层精瘦、两层夹肥的，用这样的五花肉做出来的红烧肉口感肥嫩而不油腻。

🍳 制作过程

1 将五花肉切成 3 cm 见方的小块。

2 将五花肉块汆一下，取出。

3 凉锅中倒入花雕酒，加入汆好的五花肉块，加入适量的清水（以没过五花肉块为准）。将香葱切成大段，和姜片一起下入锅中，放入冰糖、老抽、盐、八角、桂皮、香叶，大火烧开后转小火，焖约 2 小时。

4 将焖好的五花肉块及汤汁一并倒入碗中，用保鲜膜封好，放置一夜入味。

5 第二天将提前做好的五花肉块放入蒸锅中蒸热。

6 凉锅中入色拉油烧至七成热，将鹌鹑蛋入油锅炸至呈金黄色、蛋皮皱缩，捞出，备用。

7 将蒸好的五花肉块和炸好的鹌鹑蛋一起放入炒锅中，大火加热，稍收汁即可装盘，最后加香菜叶点缀。

🧴 用料

五花肉	600 g
花雕酒	400 ml
冰糖	100 g
香葱	30 g
姜片	10 g
老抽	25 ml
盐	3 g
八角、桂皮、香叶	
	各 5 g
鹌鹑蛋（煮熟、剥壳）	
	适量
色拉油	适量
香菜叶	少许

无畜不欢
•

香菇猪肉酿苦瓜

温馨提示

· 苦瓜的瓤要去净，这样可以减少苦味。也可以将苦瓜焯一下，同样可以减少苦味。

🍳 制作过程

1 将猪肉剁成泥，香葱、香菇和胡萝卜分别剁成碎末。

2 将猪肉泥倒入大碗中，打入鸡蛋，加入香葱末、香菇末、胡萝卜末、盐、料酒、姜末，搅匀成肉馅。

3 苦瓜洗净，切成段，去瓤，将调好的肉馅塞入苦瓜段中。

4 锅内下色拉油烧热，下入苦瓜段，将其煎至两面变色后用小火烧熟，加入生抽、白砂糖及少许清水，焖片刻即可。

🍶 用料

苦瓜	200 g
猪肉（肥瘦）	200 g
胡萝卜	1/2 根
香菇	8 朵
香葱	少许
鸡蛋	1 个
料酒	10 ml
盐	2 g
姜末	5 g
生抽	5 ml
白砂糖	2 g
色拉油	15 ml

苦瓜炒牛肉

温馨提示

· 可根据自己的口味，选用豆豉或XO酱。

· 牛里脊较嫩，所以一般家庭炒制时首选此部位的牛肉。

🍳 制作过程

1　将苦瓜纵向切开成两半，用小勺子挖去瓤，再切成片。胡萝卜切片。蒜、姜切成碎末。

2　牛里脊剔去筋膜，切片后放入碗中，加入老抽、5 ml 黄酒、鸡蛋清、干淀粉抓匀，腌制 1 小时。

3　将苦瓜片、胡萝卜片焯 20 秒，捞出，用冷水冲凉，待用。

4　另起炒锅，烧热后入色拉油烧至八成热，下入腌制好的牛里脊片，用筷子将其滑散，待其七成熟后将其捞出，待用。

5　炒锅留底油，下入豆豉煸香，再依次下入蒜末、姜末、5 ml 黄酒煸香。

6　下入牛里脊片、苦瓜片、胡萝卜片，翻炒均匀。

7　加入生抽、白砂糖炒匀，加入水淀粉，再次翻炒后盛入盘中即可。

🍶 用料

牛里脊	200 g
苦瓜	1 根
胡萝卜	1 根
鸡蛋清	1 个
豆豉	10 g
蒜	2 瓣
白砂糖	5 g
姜	3 g
干淀粉	10 g
水淀粉	10 ml
黄酒	10 ml
老抽	5 ml
生抽	10 ml
色拉油	30 ml

油面筋塞肉烩丝瓜

🍳 制作过程

1 香葱切碎，分成两份。猪绞肉中加入一份香葱碎、7.5 ml绍兴黄酒、生抽、白砂糖、白胡椒粉、香油和干淀粉，加入少许清水后沿着同一个方向搅打上劲。

----

2 将筷子戳入油面筋，转动筷子把油面筋内部搅出一个空洞，然后慢慢填入肉馅。

----

3 丝瓜去皮，切滚刀块，备用。

----

4 炒锅入色拉油，中火加热至三成热，放入老姜片煎香，放入塞好肉的油面筋翻炒片刻，烹入剩余的绍兴黄酒，加入两杯热水，加盖煮开。5分钟后放入丝瓜块翻炒均匀，加盖继续焖5分钟，调入盐，最后淋入水淀粉勾芡，上桌前撒上剩余的香葱碎即成。

🍶 用料

嫩丝瓜	1 根
油面筋	7 个
猪绞肉	150 g
香葱	1 棵
老姜	2 片
绍兴黄酒	15 ml
生抽	15 ml
白砂糖	10 g
白胡椒粉	2 g
盐	2 g
香油	5 ml
干淀粉	5 g
水淀粉	10 ml
色拉油	10 ml

姜丝蒜王鸡

·这道菜也可以使用电饭锅来煮。

注意，加入的清水一定要没过鸡肉等食材，以免露出水面的食材因干烧而变硬。

🥄 制作过程

1 土鸡剁成小块。姜切丝。

2 将土鸡块氽烫后洗净血水。

3 炖锅中放入土鸡块、蒜瓣、高粱酒，倒入没过鸡块的清水。

4 大火煮开后转小火炖1小时，加入盐、姜丝煮半分钟即可。

🍶 用料

土鸡	1/2 只
蒜	20 瓣
姜	10 g
高粱酒	50 ml
盐	5 g

🍳 制作过程

1 鸡翅洗净，用厨房纸巾擦干，用刀在其两端骨头连接点各切一刀，切断筋。握住一根骨头来回转几下，使骨头和肉分离，然后拉住骨头的一端使劲往外拉。取出所有骨头后即成鸡翼球。

2 鸡翼球中加入鸡蛋清、蚝油和 5 ml 水淀粉拌匀，腌制 10 分钟以上。

3 腌制鸡翼球的同时将红、绿小米椒洗净、去蒂、切圈，蒜切片，将生抽、白胡椒粉、剩余的水淀粉搅匀成芡汁，备用。

4 大火烧热锅，下色拉油烧至六成热，入鸡翼球滑油约 2 分钟，捞出，沥干油。

5 锅中留少许热油，下姜片、蒜片爆香，把红、绿小米椒圈下锅炒香，再下鸡翼球爆炒，烹入料酒，下芡汁勾芡后便可盛盘。

🍶 用料

鸡翅	6 个
蒜	2 瓣
姜	2 片
蚝油	10 ml
生抽	10 ml
水淀粉	10 ml
白胡椒粉	2 g
料酒	10 ml
红、绿小米椒	各 4 个
鸡蛋清	1 个
色拉油	30 ml

凉拌薄荷鸡丝

温馨提示

·不要一下子将鸡胸脯肉煮熟，否则肉易老，先蒸10分钟再闷5分钟能使鸡肉保持柔嫩，味道更鲜美。

·调味汁可以按照自己的喜好来配制

制作过程

1　将鸡胸脯肉洗净，放蒸笼蒸 10 分钟，关火，
　　闷 5 分钟。

2　莴苣去皮后切成丝，备用。

3　蒜拍碎，小红辣椒切成圈，薄荷叶洗净。

4　取一个小碗，倒入柠檬汁、生抽、盐、白砂糖、
　　香油和白胡椒粉，搅拌均匀成调味汁。

5　将蒸熟的鸡胸脯肉放入凉开水中浸凉后，捞出。

6　用手将鸡胸脯肉撕成细丝，放入大盘中。

7　将莴苣丝、小红辣椒圈、薄荷叶和蒜碎放入盛
　　鸡丝的盘中。

8　浇上调味汁，搅拌均匀即成。

用料

鸡胸脯肉	500 g
莴苣	200 g
小红辣椒	1 个
薄荷叶	2 g
蒜	2 g
香油	5 ml
白砂糖	3 g
柠檬汁	3 ml
盐	2 g
生抽	10 ml
白胡椒粉	2 g

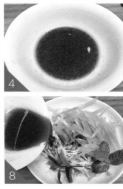

老南瓜炖牛肉

温馨提示

· 将牛肉汆水后用冷水冲洗，会让牛肉更加紧实。

· 这道菜选用的是老南瓜，所以要用小火炖煮。

🍴 制作过程

1 将鸭掌、鸡翅、鸡胗清洗干净。

2 将花椒、八角、香叶、桂皮、姜片、草果放入锅中。

3 放入鸭掌，再放入料酒、冰糖、老抽、白胡椒粉和盐。

4 最后把香葱整棵放入，加没过鸭掌的清水，盖上盖，大火烧开后转小火炖煮。

5 将鸡蛋蒸 8 分钟，取出放凉后剥壳，备用。

6 小火炖煮鸭掌 20 分钟后放入鸡胗、鸡翅，盖上锅盖，继续炖煮。

7 炖约 20 分钟后，放入鸡蛋炖 10 分钟，转大火收汁即可装盘，最后放上香菜叶点缀。

🍶 用料

鸭掌	3 只
鸡翅	6 只
鸡胗	3 个
鸡蛋	3 个
八角	4 个
料酒	50 ml
老抽	50 ml
盐	2 g
花椒	2 g
白胡椒粉	2 g
桂皮	2 g
香叶	2 片
冰糖	20 g
姜片	3 g
草果	1 颗
香葱	3 棵
香菜叶	少许

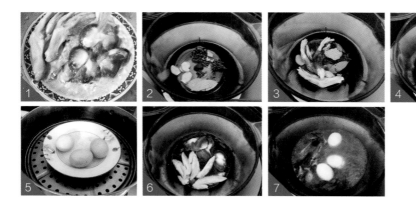

霉干菜扣肉

· 最好选用前一年的霉干菜，这样扣肉的色泽会更好。本菜品中选用的是当年的霉干菜，故色泽较淡。
· 五花肉先炸还是先切？这个没有一定的做法，按照自己的喜好来吧。
· 炸过的五花肉一定要放到冷水中冷却，这样肉皮才会有嚼劲。
· 挑选肉也是有一定要求的，要选最好的五花肉！

🍳 制作过程

1 将霉干菜用清水浸泡。把五花肉切成 20 cm 见方的块。

2 将五花肉块洗净。

3 取一个锅，放入五花肉块，再倒入清水（以没过五花肉块为宜）。

4 将五花肉泡出血水，捞出。

5 把五花肉切成一片一片的，但肉皮不切断，确保肉片连在一起。

🍼 用料

五花肉	2 kg
霉干菜	100 g
色拉油	1000 ml
粽叶	2 片
茴香	2 个
桂皮	1 片
老抽	10 ml

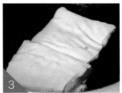

6 锅中倒入色拉油，待油温六七成热的时候，放入切好的五花肉。

7 把五花肉炸至表面呈金黄色，捞出。

8 将五花肉放入冷水中冷却。

9 将粽叶冲洗干净，剪成大小合适的长段，铺在碗底，放上茴香、桂皮。

10 把冷却过的五花肉皮朝下放在粽叶上，再淋上老抽，帮助其上色。

11 在五花肉上铺上泡好的霉干菜，上蒸锅蒸半小时，关火再闷半小时。出锅，将食材扣在准备好的盘中，就可以上桌了。

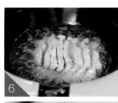

鱼米之香

江河湖海里出产的鱼、虾、蟹、贝等，味道鲜美无比。其含有丰富的蛋白质，成为人们补充蛋白质的首选。

炸鲚鱼

温馨提示

· 炸两次能让鲚鱼外酥里嫩。
· 炸的时候不要一次性放太多鲚鱼，否则它们会粘连在一起。

🍳 制作过程

1 将鲚鱼去除鱼鳞、内脏，洗净，晾干。将鲚鱼放入盘中，加生姜丝、黄酒、盐，腌制10分钟。将青、红尖椒切成小圈。

2 锅中倒入菜籽油，加热至六成热，转中火，放入腌好的鲚鱼。

3 待鲚鱼变色后将其捞出，控油。

4 油锅转大火，再次将菜籽油烧至六成热。将鲚鱼第二次放入锅中，炸熟后起锅，在鲚鱼上均匀地撒上十三香，再撒上青、红尖椒圈即可上桌。

🍶 用料

鲚鱼	400 g
十三香	10 g
青、红尖椒	各2个
盐	3 g
黄酒	15 ml
生姜丝	3 g
菜籽油	适量

豆腐梭子蟹

制作过程

1 梭子蟹开盖后去鳃和内脏，剪成大小均匀的块。蒜、生姜切片，香葱切成葱花。

2 南豆腐切成大小均匀的块，上蒸锅蒸 10 分钟。

3 热锅注入色拉油，烧至六成热，放入生姜片、蒜片煸炒。

4 放入梭子蟹块，翻炒几下，加入黄酒继续翻炒。

5 待梭子蟹块变色后，加入足量的清水，放入南豆腐块，盖上锅盖煮 10 分钟，出锅前加入盐，撒上葱花即可。可将蟹盖煮变色后用来摆盘。

用料

南豆腐	500 g
梭子蟹	2 只（200 g）
香葱	1 棵
黄酒	15 ml
蒜	2 瓣
生姜	3 g
盐	3 g
色拉油	15 ml

尖椒辣炒河虾

· 这道菜香辣可口，美味下酒。
· 虾要晾干，这样沾上的淀粉才不易脱落，炸的时候也不会爆油。
· 河虾肉质甜嫩，炸制时间不宜过长。

制作过程

1 红、绿小尖椒切成小圈，生姜切末。

2 将河虾剪净须、足，洗净后晾干，裹匀淀粉，用热油炸酥后捞出。

3 锅内留适量油，放入尖椒圈、姜末、豆瓣酱煸炒，倒入炸好的河虾，加入料酒、白胡椒粉、盐、白糖，烧至汤汁收干、食材入味即可。

用料

河虾	300 g
红、绿小尖椒	各 3 个
生姜	13 g
淀粉	10 g
色拉油	500 ml（实耗 50 ml）
料酒	5 ml
豆瓣酱	4 g
白胡椒粉	3 g
盐	3 g
白糖	3 g

57

蒜仔烧鳝背

温馨提示

· 汆鳝鱼的时间不能过长，以免鳝鱼肉太老。

· 鳝鱼买时就请店家代为杀好，可以不必去骨。

🍳 制作过程

1 鳝段洗净，放入开水锅中汆片刻后捞出，洗去表面白膜，沥干，备用。香葱切葱花。姜片切丝。

··

2 炒锅中注入色拉油，中火加热至五成热，放入蒜煎至金黄，放入姜丝、一半葱花煸炒。

··

3 放入鳝段煸炒至散发香气。

··

4 烹入绍兴黄酒，调入生抽、老抽、白砂糖和小半碗清水，加盖焖煮 10 分钟。转大火，翻炒至收汁，调入盐，撒剩余葱花，即可上桌。

🍶 用料

鳝段	500 g
蒜	适量
香葱	3 棵
姜	3 片
绍兴黄酒	30 ml
老抽	15 ml
生抽	5 ml
色拉油	15 ml
白砂糖	10 g
盐	2 g

莴笋炒虾仁

温馨提示

· 可以不放油面筋等配料，单单将虾和莴笋一起清炒，就非常搭。

制作过程

1 鲜虾剥壳，去虾线，将虾仁用干淀粉、料酒、一半的盐拌匀，备用。莴笋去皮，切片。干木耳泡发，洗净，撕成小朵。油面筋泡软，撕成块。香菇去蒂后切成片。

2 锅置火上，将色拉油烧至六成热，放入蒜碎。

3 倒入虾仁快速翻炒至变色，盛出，备用。

4 用锅中余油将香菇片、莴笋片和木耳翻炒均匀，加剩下的盐。

5 倒入虾仁翻炒。

6 倒入水淀粉，勾薄芡后即可出锅。

用料

鲜虾	200 g
莴笋	1 根
干木耳	3 g
油面筋	3 个
香菇	4 朵
盐	3 g
料酒	3 ml
干淀粉	3 g
水淀粉	10 ml
色拉油	10 ml
蒜碎	5 g

黄鱼羹

温馨提示

· 笋最好是新鲜的，如果没有新鲜笋，也可用袋装笋来替代。

· 这道菜的配料可以根据自己家现有的材料来调换，清汤也可以用清水来替代。

🥄 制作过程

1 黄鱼去除鳞片、内脏，清洗干净，上蒸锅蒸
15 分钟。

2 笋洗净，切丝。鸡蛋打散。南豆腐切成丝。

3 待黄鱼蒸好，将其稍微放凉，去除鱼骨，鱼肉
备用。

4 将清汤烧开，放入笋丝、南豆腐丝，烧沸后撇
去浮沫。

5 加黄鱼肉、料酒和盐，再加鸡精，用水淀粉勾
芡后淋入蛋液，用筷子轻轻滑动，最后加入香
菜末和香油即可。

🍶 用料

黄鱼	1 条（300 g）
笋	50 g
南豆腐	500 g
鸡蛋	1 个
盐	5 g
鸡精	2 g
香油	2 ml
料酒	3 ml
清汤	200 ml
水淀粉	10 ml
香菜末	少许

酒香竖蛏子

温馨提示

· 姜水煮开后要立即倒入装蛏子的碗中。

· 装蛏子的碗最好深一些，方便用保鲜膜包起来。

🍳 制作过程

1 将买回来的蛏子放入盐水中泡 1 小时左右，使其吐尽泥沙，再反复用水冲洗干净。生姜切成丝。取一个大碗，在碗底铺上一半的姜丝，将洗好的蛏子竖立着放入碗中，撒上盐，淋入黄酒。

2 锅中注入半锅清水，大火烧开后加入剩下的生姜丝。

3 将姜水连生姜丝一起直接倒入装有蛏子的碗中，在碗上包好保鲜膜，闷 10 分钟即可。装盘，撒葱花、红辣椒圈。

🍶 用料

蛏子	300 g
黄酒	50 ml
生姜	5 g
葱花	3 g
盐	3 g
红辣椒圈	3 g

昂刺炖豆腐

· 昂刺鱼肉质鲜美，但是处理起来可要小心，尤其要小心它身上的三根刺。

· 昂刺鱼和南豆腐均易熟，因此不用久煮，不然鱼肉就掉下来了。

🍳 制作过程

1 昂刺鱼去除内脏后洗净，南豆腐切成大小均匀的块，红干椒剪成小圈，香葱切葱花，生姜片切丝。

....

2 热锅加色拉油烧至六成热，放入昂刺鱼煎至变色。

....

3 注入适量清水，放入南豆腐块。

....

4 加入红干椒圈、生姜丝、生抽，盖上锅盖，煮10分钟即可。出锅后撒上葱花。

🍶 用料

南豆腐	500 g
昂刺鱼	4 条
生抽	15 ml
香葱	1 棵
红干椒	3 个
生姜片	3 g
色拉油	30 ml

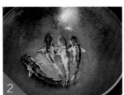
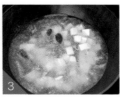

萝卜酱青花鱼

温馨提示

· 将白萝卜稍煮一下，再用冷水冲洗，可让其更清脆爽口。

· 小火慢煮，将汤汁反复浇淋在鱼肉上，能让鱼肉非常入味、鲜美。

🍴制作过程

1 青花鱼处理干净,切成段。白萝卜去皮,切成块。

2 将青花鱼放入大盘中,加入酱油、白砂糖、辣椒酱、辣椒粉、黄酒、生姜片和白胡椒粉各一半,搅拌均匀,腌制半小时。

3 锅中加水煮沸,将白萝卜块煮10分钟,捞出后过一遍冷水。

4 将白萝卜块铺在锅底,上面放上青花鱼块。将剩下的酱油、辣椒酱、辣椒粉、白砂糖、黄酒、生姜片、白胡椒粉均匀地撒入锅中,再加入适量清水,盖上锅盖。

5 大火加热,将锅内的汤汁不断地舀起来,淋在鱼肉上。待鱼肉熟透,转中火将汤汁全部收干,关火。将食材盛入盘中,撒上白芝麻即可。

🍶用料

青花鱼	3条(250 g)
白萝卜	200 g
酱油	10 ml
辣椒酱	10 g
辣椒粉	5 g
白砂糖	2 g
黄酒	5 ml
生姜片	2 g
白芝麻	1 g
白胡椒粉	2 g

酒酿焖花蛤

温馨提示

· 做这道菜要用到花雕酒和酒酿。但是因为花雕酒和酒酿的量比较少，所以要适量加入清水。如果加大花雕酒的量，就不用加清水了。

🍳 制作过程

1 将鱼头洗净、擦干，淋上绍兴黄酒，撒上盐，
  腌渍片刻。

2 将香葱切成葱花。老姜一半切片，一半切丝。

3 大盘中垫入姜片和一部分葱花，在盘上架几根
  筷子，把鱼头放在筷子上。

4 炒锅烧热，注入 15 ml 色拉油大火烧至五成
  热，放入一部分剩余的葱花煸香，然后放入
  红剁椒翻炒出香味，调入生抽和白砂糖炒匀，
  铺在鱼头上。

5 将鱼头放入上汽的蒸锅中，加盖蒸 10 分钟，
  熄火后闷 2 分钟，端出，抽掉筷子。在鱼头
  上撒上姜丝和剩余的葱花，淋上 15 ml 烧至
  七成热的色拉油即可上桌。

🧴 用料

胖头鱼鱼头	500 g
红剁椒	100 g
香葱	2 棵
老姜	1 块
绍兴黄酒	15 ml
生抽	30 ml
白砂糖	15 g
色拉油	30 ml
盐	3 g

韭菜鸡蛋炒河虾

制作过程

1　韭菜洗净，切段。 鸡蛋打散。河虾洗净，剪掉虾枪。

2　韭菜段放入鸡蛋液中拌匀，放入一半的盐。

3　炒锅中倒入色拉油，大火烧至六成热，倒入鸡蛋韭菜混合液炒散，定型后盛出。

4　炒锅留底油，烧至五成热时放入河虾，加绍兴黄酒，炒至虾变成红色。

5　倒入鸡蛋韭菜，调入剩下的盐翻炒均匀，出锅。

用料

韭菜	100 g
河虾	100 g
鸡蛋	2 个
盐	5 g
绍兴黄酒	15 ml
色拉油	15 ml

血蚶

温馨提示

· 冲洗血蚶时，将它们用手搓一下或用牙刷刷一下，这样洗得更加干净。

· 配一点醋蘸着吃会更美味，原汁原味的血蚶也非常可口。

🍳 制作过程

1 将血蚶冲洗干净。

....

2 锅中放清水烧开，放入洗净的血蚶。

....

3 将整个锅轻轻地晃动，大约 15 秒后捞出血蚶，配醋碟上桌即可。

🧴 用料

血蚶	500 g
醋	5 ml

番茄鱼片

🍴 制作过程

1 鳜鱼洗净，去鳞、鳃和内脏，在鱼身两面斜切几刀。将鳜鱼放入盆中，浇上 10 ml 料酒腌制 10 分钟左右，去除鱼腥味。

2 干香菇泡发。冬笋剥去笋壳，荸荠刮皮，与香菇、金华火腿一起切成小丁后分成等量的两份，其中一份备用，另一份放入碗中，加入鸡蛋清、3 g 盐搅拌均匀，做成馅料。

3 把馅料填入鱼腹中。

4 炒锅里加色拉油烧至七成热，放入鳜鱼煎至两面金黄后将其捞出，沥干油，备用。

5 锅里留 15 ml 油，中火加热至五成热，加入郫县豆瓣酱、葱段、姜片、白砂糖、酱油、5 ml 料酒，倒入高汤，烧开后调入 2 g 盐。

6 放入煎好的鱼以及备用的香菇丁、火腿丁、冬笋丁、荸荠丁，转小火烧 15 分钟至入味。将鱼盛出，将烧鱼的原汁调入白醋，用水淀粉勾芡后浇在鱼身上，最后撒上香菜叶装饰。

🫙 用料

用料	用量
鳜鱼	1 条
冬笋	100 g
干香菇	50 g
金华火腿	50 g
荸荠	50 g
鸡蛋清	1 个
盐	5 g
料酒	15 ml
酱油	5 ml
白砂糖	5 g
郫县豆瓣酱	30 g
白醋	5 ml
色拉油	30 ml
大葱	3 段
姜	5 片
高汤	1000 ml
水淀粉	10 ml
香菜叶	少许

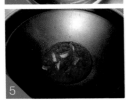

水煮鱼

· 鱼刺、鱼头可以一起用来烧汤。

· 切好的榨菜丝和焯好的豆芽可以放在一个大碗或者大盆中备用。盛水煮鱼的器物一定要够大，才能把所有的材料一并放入，这样吃起来才过瘾。

· 片鱼片的时候一定要将鱼皮一同片下，否则鱼片在烧制过程中容易碎，影响美观。

🍳 制作过程

1 剁下鱼头后，将草鱼沿鱼骨剖开成两半，剔除所有鱼骨，将鱼清洗干净。

2 将鱼肉平放在案板上，用锋利的刀将其片成宽 5 cm 左右的鱼片。

3 将鱼片放在一个大碗中，加入鸡蛋清、1.5 g 盐、5 ml 料酒和淀粉拌匀，腌制半小时。

4 将剔下的鱼主刺切成长度均匀的段，备用。

5 绿豆芽摘除根部，洗净，焯 3 分钟后捞出，放入大碗中。

🧂 用料

用料	用量
草鱼	1 条（1.5 kg 左右）
绿豆芽	30 g
榨菜	30 g
蒜瓣	10 g
姜	5 g
鸡蛋清	1 个
淀粉	10 g
花椒	5 g
干辣椒	5 g
盐	3 g
白胡椒粉	2 g
蔬之鲜	2 g
椒盐粉	3 g
料酒	10 ml
色拉油	30 ml

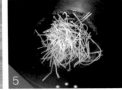

6 蒜瓣切除根部，剥去外皮，拍散。姜刮皮，洗净，切片。

7 榨菜洗净，切成丝，放入盛绿豆芽的大碗中。

8 锅加热后，倒入 10 ml 色拉油，待油微微冒烟时，先放 2.5 g 花椒，然后放入 2.5 g 掰碎的干辣椒，改慢火炸。

9 放入拍散的蒜瓣和姜片，炒出香味。将鱼主骨段放入锅中，翻炒几下后放入 5 ml 料酒、1.5 g 盐和沸水。

10 待鱼骨汤沸腾后，将鱼片一片一片地平放到汤中。鱼片出锅前放入蔬之鲜、白胡椒粉、椒盐粉，用铲子轻轻滑动几下后，将汤和所有食材一起倒入盛有绿豆芽和榨菜丝的大碗中。

11 另起一锅，加热后倒入 20 ml 色拉油，待油微微冒烟时，先放 2.5 g 花椒，然后放入 2.5 g 干辣椒，炸出香味后关火。

12 将花椒、干辣椒和热油一同淋入盛有鱼肉的碗中即可。

香煎土豆

· 拍土豆的时候要注意力度，不要将土豆拍碎。

· 煎土豆的时候用中小火。

🍳 制作过程

1 小土豆去皮，上蒸锅蒸熟后用刀拍扁。

2 热锅中倒入色拉油，烧至六成热，放入小土豆煎至两面金黄。

3 撒上盐、蔬之鲜，翻匀后略煎，让土豆入味。出锅前撒上葱花即可。

🧴 用料

小土豆	500 g
香葱（切葱花）	少许
盐	5 g
蔬之鲜	3 g
色拉油	15 ml

家常炒素

温馨提示

· 这里说的炒，实际上是烧，需要加清水炖烧片刻，使食材入味。
· 用浸泡过香菇的水来烧制会让这道菜更加有滋味。

腌仔姜

制作过程

1 仔姜洗净，切薄片，放入盘中。加入盐腌制20分钟，以去除仔姜的辛辣味。

....

2 锅里倒入老醋、冰糖水煮开，放凉。

....

3 将腌好的仔姜片挤干，装入碗中。

....

4 将放凉的冰糖醋汁倒入装有仔姜片的碗中，将仔姜片腌几天就可以吃了。

用料

仔姜	250 g
盐	10 g
老醋	50 ml
冰糖水	200 ml

霉干菜烧芋艿

温馨提示

· 芋艿会让一些人的皮肤产生过敏反应，在削皮时要格外小心，或戴上一次性手套加以预防。

· 如果用鸡汤代替清水，菜就会更加美味了。

🍳制作过程

1 将霉干菜放入温水中浸泡 10 分钟，再用清水洗去其表面的泥沙。

2 将芋艿削去外皮，再用清水冲洗干净。

3 锅中倒入色拉油，中火烧至五成热，放入姜片爆香，再加入郫县豆瓣酱，用小火翻炒出红油。

4 锅中放入芋艿和适量清水，大火烧沸。

5 加入霉干菜、生抽和盐，转小火，加盖焖 20 分钟至锅中汤汁浓稠。将霉干菜烧芋艿盛入盘中，撒上葱花、红尖椒碎即可。

🥛用料

芋艿	300 g
霉干菜	100 g
郫县豆瓣酱	15 g
生抽	15 ml
姜片	3 g
香葱（切葱花）	5 g
盐	5 g
色拉油	30 ml
红尖椒碎	少许

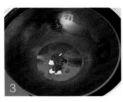

虎皮尖椒

温馨提示

· 煎尖椒的时候要用铲子按压，不时地翻动尖椒，使尖椒的每一面都均匀受热。

· 炒时控制火候，不要用大火。

⫿ 制作过程

1 将尖椒洗净，切掉蒂部，挖掉瓤。将尖椒表面的水擦干，并在其表面轻轻地划一些小口。将蒜瓣放在案板上用菜刀拍破，再切成细细的蒜末。将酱油、香醋、白砂糖和盐放在碗中混合均匀成调味汁。

2 平底锅中放入 15 ml 色拉油，中火加热至四成热，将尖椒放入锅中煎至两面起皱，盛出。

3 另起一锅，中火烧热，倒入 15 ml 色拉油烧至四成热，放入蒜末煸炒至散发香气。

4 倒入调味汁，翻炒至沸腾。

5 放入煎过的尖椒，翻炒入味，待汤汁收浓，盛入盘中即可。

⫿ 用料

尖椒	300 g
蒜	4 瓣
酱油	10 ml
香醋	15 ml
白砂糖	15 g
盐	3 g
色拉油	30 ml

酒香冬瓜

· 如果冰糖颗粒太大，在第2步来不及溶化，可以使其在炖冬瓜的过程中慢慢溶化。

· 盖上盖子炖上10分钟，再关火焖上一会儿，这样食材会更加入味。

🍳 制作过程

1 将冬瓜洗净，去皮，去瓤，切块。在冬瓜块靠皮的一面划上有一定深度的十字花刀。将生姜切片，香葱斜切成葱花。

....

2 锅中倒入色拉油烧至五成热，放入冰糖溶化。

....

3 放入生姜片和冬瓜块，翻炒2分钟左右。

....

4 加入没过冬瓜块的清水、生抽、黄酒，盖上盖，将冬瓜炖熟。出锅前撒上葱花即可。

🧴 用料

冬瓜	500 g
冰糖	50 g
黄酒	100 ml
生抽	50 ml
香葱	2 g
生姜	3 g
色拉油	10 ml

葱油芋艿

温馨提示

·用高汤替代清水，菜的味道会更加鲜美。

🍳 制作过程

1 将芋艿洗净，大火蒸至可以用筷子刺穿后过冷水，剥皮，切成大块。香葱洗净，取一棵香葱的绿叶部分切成葱花，其余切成大段即可。红辣椒切小段。

2 炒锅中加入色拉油，中火加热至五成热，放入香葱段、红辣椒段，转小火煸香，待香葱段略微焦干时，盛出一半葱油备用。

3 重新大火加热炒锅中剩余的葱油，放入芋艿块翻炒片刻，加入适量清水、盐、蔬之鲜和白砂糖大火煮开，加盖，转小火焖5分钟。

4 待汤汁浓稠，淋入备用的葱油，撒入葱花，翻炒均匀即可。

🧴 用料

芋艿	500 g
盐	3 g
香葱	100 g
白砂糖	3 g
红辣椒	2 个
蔬之鲜	2 g
色拉油	10 ml

番茄炒豇豆

🍳 制作过程

1 豇豆洗净，择去两头，切成丁后焯一下。番茄洗净，切成小块。蒜瓣剁成末。

2 锅内倒入色拉油烧热，下蒜末爆香。

3 下番茄丁煸炒。

4 待番茄炒出沙，放入豇豆丁煸炒。加小半碗清水，加红糖、生抽，煮至豇豆丁熟透。放盐、鸡精，煸炒均匀即可。

🍼 用料

番茄	80 g
豇豆	200 g
蒜	3 瓣
红糖	5 g
生抽	10 ml
盐	3 g
鸡精	3 g
色拉油	15 ml

笋干炒四季豆

温馨提示

· 菜做得适当辣一点，有助于增加食欲。

· 四季豆一定要烧熟，否则人食用后会中毒。

制作过程

1 四季豆洗净，择去两头和筋，掰成长度均匀的段。红尖椒斜切成片。

2 笋干菜泡软。

3 沸水中放两滴色拉油（用料用量外），将四季豆段焯一下。

4 热锅下色拉油，下焯好的四季豆段炒至变色。

5 放入笋干菜。

6 加入红尖椒片、盐、蔬之鲜翻炒，适量加点清水，炒至四季豆熟透即可。

用料

四季豆	400 g
红尖椒	1 个
笋干菜	100 g
盐	3 g
蔬之鲜	2 g
色拉油	15 ml

芹菜百合

温馨提示

· 百合不宜长时间高温炒，否则容易变黑。

· 烹调此菜一定要快，这样才能使百合清甜、芹菜爽脆。

🍳 制作过程

1 芹菜择洗干净，切段。百合除去外面的一层老瓣，然后一瓣瓣地剥开，洗净。蒜切片，胡萝卜切成菱形片。

2 将芹菜段、百合瓣分别焯水，沥干。

3 炒锅内放入色拉油烧至六成热，放入蒜片。

4 下胡萝卜片、芹菜段，大火翻炒 1 分钟。

5 加入百合瓣，翻炒至百合瓣变透明后加入盐、水淀粉，翻炒均匀即可出锅。

🍼 用料

芹菜	50 g
新鲜百合	20 g
胡萝卜	30 g
蒜	2 瓣
盐	2 g
色拉油	10 ml
水淀粉	10 ml

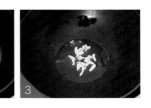

蛋黄南瓜

温馨提示

· 南瓜与蛋黄的比例为400~500 g南瓜配4个蛋黄。

· 炒蛋黄时应使用中小火并不停地搅拌，这样才能将蛋黄炒干、炒香。

· 南瓜片也可以炸得老一点儿，味道更香。

🍴 制作过程

1 咸蛋黄上蒸锅蒸 10 分钟，再切成末。

2 南瓜去皮、去瓤，切成 0.5 cm 厚的片。

3 将南瓜片焯一下，捞出，沥干。

4 给南瓜片均匀地裹上淀粉。

5 将色拉油烧至五成热，倒入南瓜片炸 3 分钟，
捞出。

6 锅留底油，倒入咸蛋黄，用小火炒约 1 分钟
至炒匀、有泡沫浮起。

7 倒入炸好的南瓜片，放盐，炒匀即可出锅。

🍶 用料

南瓜	500 g
咸蛋黄	80 g
淀粉	100 g
盐	5 g
色拉油	500 ml

手撕杏鲍菇

温馨提示

· 调味汁无固定配料，喜欢吃辣的可以加上一些剁椒。

🍳 制作过程

1 洗净的杏鲍菇放入已经上汽的蒸锅中大火蒸10 分钟，取出后放凉，撕成条状。蒜切末。红尖椒切丁。

2 大火加热炒锅，锅热后注入香油，放入蒜末和红尖椒丁煸炒片刻，加入生抽、白砂糖翻炒均匀，即为调味汁。

3 将调味汁淋在杏鲍菇条上，撒上葱花即可。

🍾 用料

杏鲍菇	400 g
生抽	15 ml
蒜	3 瓣
香葱（切葱花）	少许
红尖椒	1 个
香油	15 ml
白砂糖	2 g

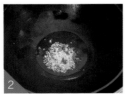

干锅茭白

温馨提示

· 可以加一些海带或金针菇。
· 做干锅时可以用黄油，那样做出来的菜会特别香。

制作过程

1 茭白洗净，切片。干辣椒切丁。蒜切片。

2 起油锅，放入花椒、蒜片、干辣椒丁爆香。

3 将茭白片放入锅中炒一会儿。

4 加盐、生抽、鸡精，翻炒至茭白干瘪、入味后装盘，放上香菜叶点缀即可。

用料

茭白	100 g
干辣椒	2 g
蒜	2 瓣
花椒	10 g
生抽	20 ml
盐	2 g
鸡精	2 g
色拉油	15 ml
香菜叶	少许

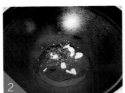

小炒秋葵

温馨提示

· 先将秋葵焯一下，可以使其保持颜色鲜艳。焯的时候可以滴入少许色拉油，这样效果更好。

· 秋葵不要炒得过熟，一来破坏营养，二来口感也会欠佳。

🍳 制作过程

1 秋葵去蒂，斜刀切片。山药去皮，切成菱形片。胡萝卜去皮后切薄片。

2 将秋葵片焯一下，捞起，沥干。

3 锅中倒入色拉油，烧热后放入蒜末爆香。

4 倒入胡萝卜片和秋葵片，翻炒3分钟。

5 加入山药片继续翻炒，待山药片微微变色后加入香油、盐，翻炒均匀即可出锅。

🍶 用料

秋葵	250 g
山药	100 g
胡萝卜	30 g
香油	10 ml
蒜末	5 g
盐	2 g
色拉油	15 ml

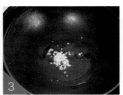

锅塌豆腐

· 给豆腐裹面粉的时候，一定要抖掉多余的面粉，以保证锅塌豆腐的外衣在炸的过程中不脱落。

· 最好用高汤炖豆腐，这样豆腐味道会更加鲜美。

· 锅塌豆腐先煎后炖，火候一定要掌握好，小火慢炖最重要，火太大会容易让豆腐和外衣分离。

🍳 制作过程

1 将北豆腐切成 1~1.5 cm 厚的豆腐块，摆在一个盘子中，加入盐、料酒，撒上一半的葱花和姜末，腌制 5~6 分钟。

2 将腌制好的豆腐块裹上一层面粉，并抖掉多余的面粉。

3 鸡蛋打散，搅拌均匀，将豆腐块再沾上一层鸡蛋液。

4 锅中倒入适量色拉油，中火加热至六成热，放入豆腐块炸至两面金黄，捞出，备用。

5 另起一锅，倒入 30ml 色拉油，放入剩下的葱花、姜末爆香。

6 倒入适量的清水，加入蔬之鲜，滑入炸好的豆腐块，小火炖至只剩一点汤汁为止，出锅前点香油即可。

🧴 用料

北豆腐	500 g
鸡蛋	1 个
葱花	2 g
姜末	5 g
盐	3 g
面粉	30 g
蔬之鲜	2 g
料酒	5 ml
香油	3 ml
色拉油	适量

晨晨香因

/第四章/

一日之计在于晨，一日三餐中早餐最为重要。不论男女老少，都要吃好早餐，这样才能有一个健康的身体。

川北凉粉

温馨提示

· 需要准备盛盛凉粉汤汁的方形容器。

· 把装有凉粉汤汁的容器放入冷水中，可加快汤汁冷却。

· 将凉粉在冰箱中冷藏一会儿再切，口感会更好。

· 如果想获得更正宗的口感，就必须用永川的豆豉和宜宾的芽菜来做凉粉酱。

制作过程

1 将绿豆淀粉与 125 ml 清水混合均匀。锅中倒入 625 ml 清水加热至沸腾，再将淀粉糊慢慢倒入，一边加热一边快速搅拌，直至锅中汤汁完全透明。

2 将煮好的凉粉汤汁倒入容器中，放凉后轻轻晃动容器，让凉粉和容器分离。将凉粉倒扣在砧板上，先切成 1 cm 厚的大片，再切成 0.5 cm 宽的条，放入碗中。

3 蒜和老姜切成末。芽菜切末。黄瓜切成细丝。

4 用小火将干净的锅加热，将花椒倒入，翻炒至微黄，然后用擀面杖碾碎。

5 锅中倒入 25 ml 色拉油，用小火加热至四成热，放入花生仁炸至微焦。将花生仁捞出，放凉后切碎，备用。

6 锅中倒入 25 ml 色拉油，中火加热至五成热，放入豆豉，一边炒一边将豆豉碾碎。加入花椒碎、芽菜末、蒜末和姜末继续翻炒，放入 15 g 白砂糖翻炒均匀，制成凉粉酱。关火，将凉粉酱放凉，备用。

7 取一小碗，放入生抽、陈醋、15 g 白砂糖和辣椒油拌匀，制成调味汁。向碗中的凉粉上倒上凉粉酱，淋上调味汁，撒上黄瓜丝和花生碎即可上桌。

用料

绿豆淀粉	125 g
豆豉、芽菜	各 30 g
花椒	5 g
蒜	5 g
老姜	3 g
生抽	10 ml
陈醋	5 ml
辣椒油	15 ml
白砂糖	30 g
花生仁	20 g
黄瓜	50 g
色拉油	50 ml

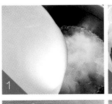

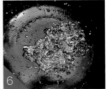

🍴 制作过程

1 将虾去壳、头，剔除虾线。

2 将虾仁剁成碎粒。

3 将鸡腿洗净，放入汤锅里，加适量清水，大火烧开后，转小火慢炖 1 小时。

4 虾仁粒中加入姜汁、盐，搅拌成云吞馅。取云吞皮，放上适量的馅，包成云吞。

5 捞出鸡腿，向炖好的鸡汤中加入 200 ml 的清水，加盖，大火烧开，放入云吞煮 3 分钟。

6 将油菜心烫熟。将煮好的虾仁云吞盛入几个碗中，每碗加入 1 棵油菜心，放上泡好的枸杞点缀即可。

🧴 用料

油菜心	适量
虾	100 g
云吞皮	20 g
盐	3 g
姜汁	10 ml
鸡腿	4 个
枸杞	少许

卤牛肉面

温馨提示

·炒冰糖时要多加一些色拉油，以免冰糖炒焦了带有苦味。

制作过程

1 将卤牛肉用料中除冰糖、色拉油和酱油之外的各种调料放到煲汤袋中，制成调料包。

2 将牛肉切成大块。锅中放入适量的清水，加入牛肉块，去除血水后将牛肉块捞出，沥干。

3 锅中倒入色拉油，烧到八成热，加入冰糖将其炒化。

4 放入牛肉块，翻炒至变色。

用料

卤牛肉

牛肉	750 g
冰糖	20 g
酱油	50 ml
八角	2 g
山奈、南姜	各3 g
红豆蔻	2 g
丁香	2 g
辣椒	2 g
香叶	3 片
小茴香	2 g
草果	2 颗
色拉油	30 ml

面条	50 g
番茄	60 g
煮熟的土豆	2 个
白萝卜	20 g
香葱	10 g
盐	3 g

5 将牛肉块转入炖锅中，加入没过牛肉块的清水，放入调料包。

6 调入酱油。

7 大火烧开后，转小火煮1小时左右，卤牛肉即成。

8 将白萝卜去皮，切成片。番茄切片。土豆切块。香葱切葱花。卤牛肉切片。

9 把卤牛肉的汁倒入锅中，加入适量的清水，放入白萝卜片煮熟，放入盐。

10 锅中烧开足够的清水，放入面条，煮熟。

11 捞出面条放入碗中。

12 将煮白萝卜片的汤汁淋在面条上，把准备好的各种蔬菜码在面上，撒上葱花，摆上卤牛肉片即可。